中国学生培优Q计划

彩图版

激发孩子思维潜能

主编 张新欣

天津出版传媒集团
天津科学技术出版社

编者的话

《中国学生培优Q计划》丛书基于不同年龄阶段学生的特点，结合国内外学生成长最新研究结果，分别从IQ（智商）、EQ（情商）、MQ（德商）、AQ（逆商）、SQ（灵商）和CQ（创商）六个方面，以故事的形式有计划地编排，旨在让学生通过阅读，潜移默化地提高"6Q"，从而得到全面发展。

丛书共六册，每册独立成书，又与其他各册有机相连。内容丰富生动、简洁易懂，配图精当贴切、趣味盎然。丛书遵循循序渐进的原则，每天一个故事，每天一点熏陶，可以在很大程度上提高学生的阅读兴趣。

《IQ——教会孩子辨别是非》侧重引导学生感受善恶、分清美丑、辨明是非，教会学生认识什么是真善美。

《EQ——帮助孩子与人交往》以培养学生的情商为基本目标，使学生通过轻松愉悦的阅读，学会与人交往的基本道理。

　　《MQ——培养孩子美好品德》从不同角度展现并赞扬了诚实、勇敢、善良、自信、坚强等众多优秀品质，培养学生良好的道德品质和行为习惯。

　　《AQ——激励孩子勤勉上进》帮助学生轻松获取战胜困难、挫折的信心和勇气，逐步锻炼出顽强的心理承受能力。

　　《SQ——满足孩子好奇心理》以发展学生丰富的想象力为主要目标，使学生通过阅读和思索，获得基本的分析现象、灵活处理问题的能力。

　　《CQ——激发孩子思维潜能》以启迪学生的智慧为主，让学生在成长的过程中，运用智慧战胜困难、解决问题。

　　在丛书的编撰过程中，我们诚邀教育专家精心编排了"启迪"栏目。"启迪"从不同的角度，以读者的视角写成，帮助学生在轻松的阅读中得到有益的启迪。

　　我们深信：青少年朋友一定会对这套图文并茂的精美图书爱不释手，同时，他们的人生羽翼一定会在这些经典的故事中渐渐丰满！

目 录

激发孩子思维潜能

6	找蘑菇
8	笨狮子
11	猴子和鳄鱼
14	聪明的乌龟
18	陷阱
20	猴子捞月
24	山羊"杀死"了豹
26	老虎与地鼠
30	狐狸和狮子
32	机智的蜗牛
35	老虎和青蛙
39	乌鸦喝水

42	狮子和老鼠
44	太阳与风
48	悬崖下的老虎
51	狮猫捕鼠
55	小狮子学本领
58	可怕的吹捧
61	乌龟借鼓
65	把房间填满
68	送网
70	猴子荡秋千
72	裁缝师傅和学徒
76	勇敢的樵夫

79 老爷爷与猴子	120 曹冲称象
82 李寄斩蛇	124 聪明的阿凡提
85 刻舟求剑	128 弯腰的智慧
89 画蛇添足	131 田忌赛马
93 百闻不如一见	134 聪明的画家
97 参天大树	136 县令拉纤
100 皇帝的宝树	140 晏子智救马夫
103 几粒老鼠屎	
107 谁应该离开	
111 让我试试吧	
114 往树洞里灌水	
117 衣服被老鼠咬坏了	

找蘑菇

小白兔去树林里采蘑菇,一天下来,她采了满满一篮子,数了一下,整整一百朵。

小白兔高兴地回到家,她又数了数蘑菇:"咦,怎么只有九十九朵了?"

小白兔急了,她数了一晚上,还是少一朵。

"奇怪,那一朵蘑菇哪儿去了?"

第二天天刚亮，小白兔就顺着昨天走过的路找了一个来回又一个来回。她找遍树林，找遍草丛，找遍了每块石头缝，连蘑菇的影子也没有看到。小白兔着急地说："自己劳动所得的成果，丢了太可惜了！我一定要把它找回来！"

天快黑了，晚归的牛爷爷好心地劝小白兔说："孩子，别傻找了。如果你把今天找蘑菇的时间用来采蘑菇，那一朵蘑菇的损失不早就补回来了吗？"

小白兔听后惭愧地低下了头。

启迪

这只小白兔用一天的时间去找一朵丢失的蘑菇，真让人不可理解。她本来可以用这一天的时间采到一百朵蘑菇啊！唉，她怎么就不明白，蘑菇丢了，可以再采；时间丢了，千金难买呀！

笨狮子

一只狮子住在山洞里,晚上,蚊子叮得他没法睡觉。狮子请求蚊子别咬他,蚊子说:"可以,但你得帮助我消灭敌人。"狮子问:"谁是你的敌人?"蚊子回答说:"青蛙、壁虎、螳螂和癞蛤蟆。"

狮子说:"这好办,我是万兽

之王，吃掉这些小家伙是不费什么力气的。"于是，狮子真的吃掉了许多青蛙、壁虎和癞蛤蟆。

晚上，山洞里的蚊子更多了。狮子气呼呼地对蚊子说："你们怎么不讲信用，还来咬我呢？"蚊子嗡嗡地笑了，说："唉，你只消灭了陆地上的敌人，我们还有水里的敌人：小蝌蚪、柳条鱼、非洲鲫鱼，他们总是吃掉我们的孩子。"

狮子连声答应道："好！好！我去抓。"说完真的跳进河里抓鱼、捉蝌蚪了。可是到了晚上，蚊子却越来越多，狮子气得直跳，蚊子却说："你还得帮我们消灭天上的敌

人：燕子、蜻蜓和蝙蝠。"这可难住了狮子，他可不会飞呀！

燕子、蜻蜓他们知道后，都哈哈大笑道："你这只笨狮子，怎么不想一想，你把吃蚊子的小动物都吃了，蚊子不是更多了吗？"

启迪

狮子哥哥做事不动脑筋，吃了捉蚊子的小动物，蚊子不是更多，自己不是更没法睡觉了吗？我们真想告诉他："连问题的源头都没找着，怎么可能解决问题呢？"

猴子和鳄鱼

在非洲有一条大河,里面住着两条鳄鱼。河的中心有个小岛,岛上长着许多香蕉树。

有一天,大鳄鱼对小鳄鱼说:"孩子,你去把岸边树上的那只猴子捉来,我要吃他的心。"

"妈妈,我不会爬树,怎么捉得住猴子呢?"小鳄鱼问。

"你好好儿想一想,会想出办法来的。"大鳄鱼说完便游走了。

小鳄鱼想了半天，真的想出个办法来。他爬上岸，在树下仰着头，对小猴子说："小猴子，你想吃香蕉吗？你瞧，那个小岛上的香蕉可多啦！"

"香蕉！太好了，可是我不会游泳，怎么去呀？"小猴子说。

"你骑在我的背上，我把你带到小岛上去，让你吃个够。"小鳄鱼回答。

"啊，那太好了！嘻嘻嘻……我得谢谢你了！嘻嘻嘻……"小猴子从树上跳下来，正好跳到小鳄鱼的背上。

小鳄鱼驮着小猴子下

了河，游哇，游哇，突然，他把身子往下一沉，吓得小猴子哇哇叫："哎呀！小鳄鱼，我可不会游泳，你还是快点带我去吃香蕉吧！"

"嘿嘿，你想吃香蕉？我妈正等着吃你的心呢！"小鳄鱼得意地说。

小猴子知道上了当，赶紧对小鳄鱼说："你怎么不早告诉我呀？我只把嘴带来了，可没带心。"

"那你的心呢？"小鳄鱼问。

小猴子说："我的心放在树上了，咱们赶快回去取吧。"小鳄鱼听了，转过身子，游到岸边。小猴子连忙跳上岸去，三蹦两跳上了树，再也不肯下来了。

启迪

先是小鳄鱼哄骗小猴子，接着，小猴子又机智地逃脱了小鳄鱼的捕捉。小猴子可真聪明，他识破了小鳄鱼的伎俩，避免了杀身之祸。

聪明的乌龟

一只狐狸肚子饿得咕咕叫。他东跑西跑,看见一只青蛙正在捉害虫,心想:先拿这个青蛙当点心,填填肚子也好。

狐狸轻轻地走过去,马上就要捉到青蛙了,可是青蛙却一点儿也不知道。旁边的乌龟看见了,急忙伸长脖子,一口咬住狐狸的尾巴。

"哎哟,哎哟!谁咬我的尾巴?"乌龟不说话,使劲咬住狐狸的尾巴不放。

青蛙听见背后狐狸在叫,赶快跳到水里去了。

狐狸没吃到青蛙，气坏了，回头一看："啊，原来是一只乌龟呀！我没吃到青蛙，吃乌龟也行。"

乌龟可聪明了，把头和脚一缩，就缩到硬壳里去了。

狐狸实在饿坏了，就去咬乌龟的硬壳，可是咬得牙齿都酸了，还是咬不动。

狐狸说："乌龟，乌龟，我要把你扔到天上去，'啪'一下摔死你。"

乌龟说："谢谢你，快扔吧。我正想上天玩玩呢！"

狐狸说："乌龟，乌龟，我要把你扔到火盆里，'呼'一下烧死你。"

乌龟说："谢谢你，快扔吧。我正想找个火盆暖暖呢！"

狐狸说："乌龟，乌龟，我要把你扔到池塘里，'扑通'一下淹死你。"

乌龟听狐狸这么一说,"哇"的一声哭起来:"狐狸,狐狸,你行行好,千万别把我扔到池塘里去,我掉在水里可就没命了。"

狐狸才不理他呢，抓起乌龟，"扑通"一声，扔到水里去了。乌龟下了水，立刻伸出四条腿来，划呀，划呀，一直游到青蛙身边。两个好朋友一边笑一边说："狐狸，狐狸，还想吃我们吗？来呀，来呀！"

狐狸气昏了，身子一跃，向青蛙和乌龟扑去。只听"扑通"一声，他就掉到池塘里，再也没出来。

启迪

这只小乌龟不光勇敢，还肯动脑筋。他救助了朋友，保护了自己，还惩罚了狡猾的狐狸。小朋友，你愿意跟他一样，做一个爱动脑筋的好孩子吗？

陷阱

森林里的狼、熊和狐狸结成联盟，专门对付羊群。羊群死伤相当严重，老领头羊疲惫不堪，郁闷而死。

一只年轻的羊被选为新的领头羊。年轻的领头羊对群羊说："我们邀请狼、熊和狐狸中的一位来做我们的头领吧，我不是这块料。"消息传出后，群羊激愤："这不是把我们往火坑里推吗？"

狼、熊和狐狸兴奋极了，同时也开始暗暗打算自己一定要争得这个头领的宝座，那会有多大的好处啊，以后群羊就是自己的了，想怎么吃就怎么吃。

熊最先下手，趁狼不注意的时候，一爪过去，把狼杀死了。狐狸很狡猾，在猎人挖好的树枝伪装的陷阱旁躺下，假装睡觉。当熊悄悄逼近，一下扑上去时，刚好掉到了陷阱里。熊就这样死了。

最后，只剩下狐狸，这对羊群已经没有了威胁。群羊同心协作，把孤军奋战的狐狸赶跑了。

启迪

年轻的领头羊利用敌人之间的争名夺利，消灭了凶恶的敌人，摆脱了威胁。他给我们的启迪是：不管遇到什么难题，只要勤于思考，就不怕解决不了。

猴子捞月

在一座山上,住着一群猴子。

一天晚上,月亮又圆又亮。猴子们都下山来玩儿。他们蹦蹦跳跳,东瞧瞧,西看看,玩儿得很快乐。

一只猴子看见一口水井。他趴在井沿上朝井里一看,咦,井里怎么有一个又圆又亮的月亮?小猴子吓得撒腿就跑,一边大声叫喊:"不好了!月亮掉在井里了!"

大猴子听见了,连忙跑过来,朝井里一看,真的,井里有一个又圆又亮的月亮。大猴子也吓得大声叫起来:"不好了!不好了!月亮掉在井里了!"老猴子听见了,也连忙跑过来,朝井里一看,真的,井里有一个又圆又亮的月亮。老猴子就把大大小小的猴子都喊了来,对他们说:"不得了!不得了!月亮掉到井里了!我们赶快把月亮捞上来吧！"

小猴子说："我们爬到大树上去，一个接一个倒挂下来，一直挂到井里，就可以把月亮捞上来了。"

大家说这个主意不错，都爬上了大树。老猴子先从树上倒挂下来。大猴子从老猴子身上爬下去，让老猴子用手抓住自己的尾巴。

就这样，一个猴子接一个猴子，一直倒挂到井里。最底下的一个是小猴子，他在井里喊："行了，行了，够得着了。"小猴子把手伸到水里去捞月亮，井水给他一搅，月亮碎成

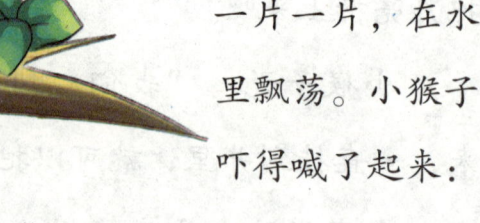

一片一片，在水里飘荡。小猴子吓得喊了起来："哎哟，不好了！月亮给我抓破了！"

老猴子听了，生气地说："唉，这么点小事都干不好！月亮被抓破了怎么办呢？"大家都埋怨起小猴子来。一会儿，井水慢慢平静了，又出现了又圆又亮的月亮。小猴子高兴地喊："好了，好了，月亮又圆了！"小猴子又伸手去捞，捞呀，捞呀，捞了半天，还是捞到一把水。小猴子捞不到月亮，急得直叫唤："哎哟，累死我了！月亮一碰就破，再也捞不起来啦！"

激发孩子思维潜能

小猴子这么一叫唤,上边的猴子也都叫起来了,这个说:"我的腿酸了,挂不住啦!"那个说:"我的手疼了,抓不住啦!"

这时候,老猴子忽然抬头一看,又圆又亮的月亮还好好儿地挂在天上,就对大家说:"你们看,月亮不是好好儿地挂在天上吗?井里是月亮的影子。傻孩子,快上来看月亮吧!"

听老猴子这么一说,小猴子、大猴子,一个一个都爬上树,大家看着又圆又亮的月亮,开心地笑了起来。

启迪

听别人说月亮掉进井里了,自己就以为是真的;看别人捞月亮,自己也跟着捞月亮。自己怎么就不动动脑子呢?小朋友们在做事之前,可不要像猴子一样,盲目地跟从别人。不然,可能会白费力气哦!

山羊"杀死"了豹

一只山羊在回家的路上遇到了一只猛豹。豹凶猛地扑上去把山羊扑倒在地,张开大口就要吃她。

这是一只聪明而有胆量的山羊。在万分危急的时刻,她没有慌张,而是爽朗地笑了起来。

豹子愣住了,气呼呼地说:"你就要死了,还笑什么?"山羊说:"我很小很瘦,您是吃不饱的。再说,您这

么一只了不起的豹,要是吃了一只山羊,山林里的动物都会笑话您欺负弱者。"

豹再一次愣住了。他急切地问:"那你说怎么办?"山羊说:"我认识一头肥牛,就在山下吃草,您能吃掉他才算英雄呢!"豹子一听,大吼一声:"前面带路,我去吃肥牛!"

山羊把猛豹领到猎人的陷阱旁,指着前面说:"您在这儿坐一会儿,我去把肥牛骗来。"

豹刚往前一迈步,"轰隆"一声就掉进了陷阱里,成了猎人的战利品。

启迪

山羊的处境可真够危险的!要不是她临危不惧,头脑敏锐,恐怕早就变为豹子的一顿美餐了!小朋友,你遇到过危险吗?当时,你是怎么摆脱的呢?

老虎与地鼠

老虎虽然很自大,但往往也因此而做了傻瓜。

一天,老虎在山上闲逛,碰见了地鼠。本来,地鼠已经跑过去了,但老虎忽然想起要跟地鼠开个玩笑,就把地鼠叫住:"喂,地鼠!"

地鼠回过头来问道:"有什么事呀?"

老虎笑了一笑,然后一个字一个字地说道:"什么事?看你长得只有这么一丁点儿,也好意思在人前露面?"地鼠一听,知道老虎是有意跟自己作对,便也

决心调侃老虎，就说："嘿，你说我小吗？""怎么样，你说你大吗？"老虎又笑了笑。

地鼠故意把头翘得高高地说："你说我小，可人家还给我下跪呢！"老虎听罢，不禁哈哈大笑道："什么，人家给你下跪？嘿，小家伙还会吹牛哩！"

"不信，你看吧。"地鼠朝不远的地里一指，说："我叫那些干活的人给我下跪！"老虎一听，兴头更大了："好，我等着看人怎样给你下跪哩！"

说着，只见地鼠飞快地溜到地里，在那里蹿来蹿去。

人们见了，便都一齐过来捉地鼠。

地鼠从这边跑到那边，又从那边跑到这边；人们也跟着从这边扑向那边，又从那边扑到这边。人们这样一追一扑的，从远处看，便好像真的向地鼠跪拜一样。

不一会儿，地鼠跑回来了，对着老虎说："怎么样，看见了吧？"

老虎不服气，说："这有什么难的？"

"那看你的吧！"

"看我的，就看着吧。"老虎说罢便大摇大摆地走了过去。

人们见老虎来了，便一齐举起锄头、钉耙，没头没脑地朝老虎打来。老虎跑到东，锄头、钉耙跟着打到东，老虎跑到西，锄头、钉耙也跟着打到西。老

虎被打得青一块紫一块的,好不容易才从人群中逃出来。

地鼠见老虎跑回来了,便迎上去问老虎:"怎么样,人家给你下跪了吗?"老虎一听,整个脸都红了,也没跟地鼠再说什么,便低头走了。今天,老虎不是见了地鼠就避开吗?那是老虎害羞呢!

启迪

老虎自以为是,总是做出傻事来;地鼠聪明、谦虚,所以,赢了凶猛的老虎。小朋友,你说是不是骄傲会使人变笨,谦逊会使人精明呢?

狐狸和狮子

一只狐狸刚刚住到森林里,对周围的一切都感到十分陌生。有一天,他遇到了一头狮子,心里非常害怕,连看都没敢看就藏了起来。

过了一段时间,他禁不住好奇,想再看看狮子。当第二次遇到狮子时,他壮着胆子站在狮子附近,看着狮子走来走去。

又过了一段时间，他又想听听狮子说话的声音。于是，在第三次遇到狮子时，他竟有胆量走了上去，与狮子进行十分亲切的谈话。

他发现，原来，狮子并不是自己当初想象的那么可怕。不久，他们便成了好朋友，狐狸经常陪狮子散步，狮子也经常把自己捕获的猎物分给狐狸吃。

启迪

小朋友，读了这个故事，你是不是也明白了这样一个道理：在现实生活中，我们不要害怕自己感到陌生的事物，试着接近它，你就会觉得没什么可怕的。

机智的蜗牛

一匹马在路上跑着,忽然看见一只蜗牛在慢腾腾地爬行,马感到非常可笑,于是,高声叫道:"你走得也太慢了,再过一百年你也爬不出一百步啊!"蜗牛回答:"我是出来呼吸新鲜空气的,用不着着急,假如我俩要赛跑,不是我说大话,慢不了你一百步!"

"你这个牛皮匠简直要吹破天。"马说。

蜗牛说:"明天天一亮,你到这儿来,我们进行比赛,如果我比你慢一百步,你就踩死我。"

当天,聪明的蜗牛把自己的同族召集到一起,正好是一万只蜗牛。

激发孩子思维潜能

他立即部署:"在我和马赛跑的路上,每隔一百步,隐蔽一只蜗牛。"

第二天,比赛开始了,马头也不回地狂奔出去。他跑了一百步,回头一看,发现身后不远的地方有一只蜗牛在爬行。马又继续向前跑了二百步,连头也不回,用嘲笑的语气喊道:"可怜的牛皮匠,你在哪儿爬行呢?"蜗牛不慌不忙也不言语,只顾低头向前爬。

马继续往前跑,回头一看,发现蜗牛还在身后,于是加紧向前疾驰。这次跑了四百步，猛回头一看，蜗牛还在身后。

马又加紧向前快跑，但无论他跑得怎么快，蜗牛总是紧紧地跟在他的后面。最后，马跑得筋疲力尽，终于倒在了路上。这时，蜗牛爬到他身边，笑着说："你以为有四条腿就能战胜我吗？那是妄想。想取胜光靠腿快是不行的，还要有机智的头脑。"

启迪

蜗牛群策群力，靠集体的力量取得了胜利，巧妙地赢得了与骄傲的马的长跑比赛。蜗牛虽小，但是人多力量大，这是马所没想到的。

老虎和青蛙

一只老虎碰见一只青蛙,老虎从来没有见过青蛙,就问他:"你是谁呀?"青蛙说:"我是青蛙,是这里的大王!"老虎摇摇头不相信。青蛙说:"你不相信吗?那好,咱们来比一比本领,看谁跳得远。前面是一条河,咱们就往河对岸跳吧!"老虎点点头,

身一弓,一下跳过了河。青蛙呢,咬住老虎的尾巴让老虎带过河去了。

老虎还以为青蛙在河那边呢,转过身子喊:"青蛙,青蛙,你快跳哇!""我在这儿呢!"老虎一看,青蛙就在自己的背后,以为青蛙真的比自己跳得远,心里发了慌。这时候,青蛙张开嘴巴,吐出几根老虎的尾巴毛。老虎觉得很奇怪:"你嘴里怎么会有老虎毛呢?"青蛙说:"啊,是这么回事,昨天我吃了一只老虎,连皮带骨头都吃了下去,只剩下这几根尾巴毛。"老虎一听,青蛙要吃老虎,吓得转身就跑。

他跑着跑着,碰见一只狐狸,狐狸问他怎么回事,他就把刚才的事说了一遍。狐狸听了哈哈大笑,说:"老虎哇老虎，你听青蛙瞎吹牛呢，咱们回去找他算账，把他打个稀巴烂。"老虎不敢去。狐狸说："有我呢！你怕什么？"老虎说："到了青蛙那里，要是你自个儿跑了，我可怎么办？不是没命了吗？"狐狸说："啊，原来你怕我自个儿跑了。那好，咱俩把尾巴拴在一起。"

老虎和狐狸拿尾巴打了个死结，一起去找青蛙。青蛙看见狐狸和老虎一起来了，就对狐狸说："狐狸，狐狸，我叫

你一早给我送一只老虎来当点心,为什么这时候才送来呀?快把老虎给我,我正饿着呢!"老虎一听,真以为狐狸骗了他,把他送给青蛙当点心,吓得转身就跑,连尾巴都顾不得解开,硬是把那只狐狸给活活地拖死了。

启迪

真好笑!老虎又凶又大,青蛙又矮又小,可老虎一次又一次地上了青蛙的当,最后,竟让娇小的青蛙给吓跑了。小朋友你看,机灵的脑瓜是不是比健壮的体格更重要呢?

乌鸦喝水

在一个炎热的夏天,太阳火辣辣地照着大地,把小溪、池塘的水都晒干了。干燥无云的天空中,一只乌鸦飞来飞去,正在找水喝,可是怎么也找不到。"这样下去非渴死不可!"乌鸦懊丧极了。忽然,他想起人们经常到井边打水,心想那里应该有水。于是,他兴奋地向井边飞去。

果然,井边放着一个罐子,里面还有半罐水呢!乌鸦高兴地站在罐边,准备喝个痛快。可是罐子太深了,乌鸦伸长脖子,还是够不着水面。怎么办?乌鸦又来到井边,看到井里面有水,不过井太深,他根本就飞不进去。

乌鸦又来到罐子前,仔细想了想:要不就把罐子打碎吧,虽然浪费很多水,但总能喝上一点儿。乌鸦抓起一块大石子儿,对准水罐扔了下去。石子儿砸到罐子上,可罐子一点儿也没有损坏。乌鸦有些恼火了,他不断抓起石子儿向罐子投过去。有的石子儿砸在罐子上,有的落在罐子里面,可罐子还是没有破。乌鸦有点儿失望：看来这次别指望喝到水了。

忽然，乌鸦发现罐里的水好像升高了许多。他想想自

激发孩子思维潜能

己刚才的一番忙活,再看看罐子里面的石子儿,突然明白了:原来把石子儿放到罐子里面就可以使水面升高。乌鸦又兴奋起来,他不断地把石子儿叼来扔进罐里,罐里的水在一点儿一点儿地升高。

最后,乌鸦终于喝到了水。这是他动脑筋想办法才喝到的水,所以感到特别甜。从此,乌鸦又学到了一个新本领。

启迪

乌鸦真爱动脑子,他用投石子儿提升水位的办法使自己喝到了水。小朋友,在生活或者学习中遇到困难时,你可要向这只乌鸦学习,动脑筋、想办法来解决问题哦!

狮子和老鼠

一头狮子在一片森林里称王。他请了最好的建筑师为自己修建了漂亮的房子,整天过着极其奢华的生活。

一天,他刚想出门找吃的,一只小老鼠突然从桌子底下钻了出来。狮子轻而易举地抓住了老鼠。狮子说:"啊!我还没出去,就有小家伙送上门来了。"老鼠哀求道:"狮子大王,您就放了我吧!如果您放了我,我一定会报答您的。"狮子头一扭不屑一顾地说:"本大王还要你这样一个小东西帮助?你连性命都保不住了还说报答我?哈哈哈哈!"说着,狮子就把他甩到一旁。正在狮子得意之时,机灵的小老鼠乘机逃跑了。

过了几天,狮子漫不经心地在森林里走来走去。一不留神,被猎人设下的网给罩住了。他大声求救,但没有一个朋友来帮他。正在绝望之时，那只没被他吃掉的小老鼠跑来，一口一口地把网咬破，狮子得救了，他感激极了，一再点头向老鼠道谢。

启迪

强大与弱小是相对的，某一方面强大并不代表处处强大。所以，在生活中，我们不要盲目自大看不起别人，即使你是强者，也有需要弱者帮助的时候。

太阳与风

很久以前,太阳与风是一对兄弟,他们经常在一起讨论问题。

有一次,太阳与风争论起谁的力气最大,结果争得面红耳赤也没有结果,于是,他们决定用比赛的方式来解决这一次争端。

这时，路上走过来一个行人，太阳与风便决定比一比，看谁最先脱掉这个行人的衣服，谁的力气就最大。

风心里想道：还是我先来吧，脱掉他的衣服对我来说太简单了！如果等着太阳先来，哪里能显示出我的本领呢？想到这里，风没有和太阳商量比赛的规则就独自行动了。

风"呼"的一下来到行人面前，吹乱了他的头发和衣服。行人似乎没有什么感觉，继续向前赶路。风一看，又鼓足力气冲到行人身上，撕扯他的衣服。行人把自己凌乱的衣服拉紧，紧紧地裹在身上。

风急了，不停地在行人身上冲撞着，撕扯着。行人这时似乎有点儿冷了，于是，就加了几件衣服。

太阳看到这种情况不禁笑了，说道："兄弟，看来你是不能脱掉他的衣服了。现在，该我上场了！"

风这时没有了先前的威风，不得不让位给太阳。

太阳温和地照着行人,他感到了一阵暖意。他高兴地说道:"可恶的大风终于过去了,我可以轻松地赶路了。"行人不禁松了口气。他不停地向前走着,走得身上热了,就顺手把先前加的衣服脱了下来。

太阳看到自己的努力有了效果,又加了几分力量,这时的阳光显得更强烈了。

激发孩子思维潜能

行人的身上出了汗,不停地脱衣服。他觉得阳光照得眼前非常亮,根本就无法赶路,于是,就来到水塘边,脱掉最后一件衣服,游泳去了。

面对这种结果,风目瞪口呆,无话可说。

启迪

风使了那么大的劲儿,还是没胜过温和的太阳。小朋友,你知道这是为什么吗?因为呀,巧妙的方法会让难题变得容易起来,而蛮力在解决问题时,往往并不能达到预期的效果哦!

悬崖下的老虎

牛、驴和狐狸是好朋友。一天,他们正在闲聊,狐狸说:"两位大哥,我听说深山中藏有很多宝贝,咱们去找吧。"牛和驴欣然同意了。

在去山里的路上,经过一个悬崖,他们向下一看,下面躺着一匹马、一个猎人,好像是受伤了。不一会儿,有只老虎向这边跑过来。

老虎到了悬崖下面,用温柔而低沉的声音对他们说:"可爱的孩子们,你们待在那儿很危险,快下来呀!山下长了许多柔嫩、新鲜的草呢!"

激发孩子思维潜能

牛和驴听了,正准备下去,却被狐狸叫住了。狐狸心想:爸爸和妈妈经常给我讲,老虎是百兽之王,凶恶无比。现在,老虎突然变得这么温和,这么友善,这其中肯定隐藏着危险。于是,狐狸说:"虎伯伯,谢谢你的好意,但是,我们不能下去,我们还要赶路呢!"

"什么?可恶的孩子!"老虎见狐狸识破了自己的诡计,非常生气地说。紧接着,他张开血盆大口向马扑去,转

眼之间，马就成了老虎的美餐。

牛和驴看了，撒腿就跑，他们这才明白，是聪明的狐狸救了他们。

启迪

小朋友，当你在生活中遇到像老虎一样的人时，你会像故事中的小狐狸一样，动脑筋弄清对方的真实意图吗？在坏人面前，我们千万不要轻信他们的甜言蜜语，凡事都要三思而后行。

狮猫捕鼠

很久很久以前,皇宫中出现了一只大老鼠。这只老鼠几乎和猫一样大小,危害很大,经常出来为非作歹,皇宫里的猫也全被老鼠咬死了。没有办法,皇帝只得从全国各地选调最优秀的猫到宫内来制伏这只大老鼠。可是，全国各地送来的猫，也都被大老鼠咬死了。一时间，皇宫上下人心惶惶。

这事被一个外国人知道了，他想到自己的家乡有一种最能捕鼠的猫，就托人专程带来了一只。这种猫叫狮猫，善于跳跃，动作敏捷。

这只猫被带到皇宫，放在大老鼠经常出没的大房间里。

不一会儿，那只大老鼠鬼头鬼脑地出来，一眼就看到了屋子中央的狮猫。大老鼠犹豫了一会儿，才慢慢地爬出来，然后径直向狮猫扑去。机智的狮猫不取强攻，等老鼠跑到面前时，灵巧地跳到了桌子上。老鼠一跳也跟着到了桌子上。狮猫跳到地上，老鼠又紧跟到地上，而狮猫接着却又跳到了椅子上。老鼠眼都红了，一点儿也不放松地紧

激发孩子思维潜能

跟着。

狮猫和老鼠在屋内开始了比赛:一前一后,

跳上又跳下。过了一段时间，老鼠的动作越来越慢，已经累得没有力气了。这时，狮猫开始发威了：猛叫一声，朝着老鼠扑过去，一口就咬住了老鼠的脑袋。精疲力尽的老鼠已无力反抗，只能发出一声声的惨叫。

最后，终于安静下来了。大家冲进屋里一看，只见老鼠已经血肉模糊，躺在那儿一动不动了。

启迪

大老鼠真是够吓人的，幸亏狮猫既勇敢又机灵，避其锐气，才将其消灭。狮猫的胜利让我们明白了：在强敌面前仅靠蛮力是不行的，要善于抓住时机，充分运用自己的聪明才智去战胜对方，才能取得最后的胜利。

小狮子学本领

森林里的动物过着一种平安祥和的生活。可是,狮王最近一段时间却十分发愁。为什么呢?原来是小狮子惹得狮王心烦。不是因为小狮子淘气,而是因为他已经一岁了,到了应该学习知识的年龄,狮王正为让谁来当小狮子的老师犯愁呢!

狐狸不行。虽然他的聪明是大家公认的事实,但他却是个撒谎大王,他肯定会把小狮子带坏的。

鼹鼠行吗?他很懂规矩,做事有条有理,而且喜欢亲自动手。可是,他整天只注意小事,不管大事,没有大局观。小狮子如果跟他学习,将来不可能治理好自己的王国!

还有豹子、大象……虽然他们都有优点，但缺点也很明显，都不能教给小狮子真正的治国本领。唉！整个王国竟然没有一个人能做小狮子的老师！

老鹰听说了狮王发愁的事，便说自己愿做小狮子的老师。老鹰是百鸟之王，又是狮王最好的朋友。狮王高兴极了，就让老鹰做了小狮子的老师。

好消息不断从远方传来：小狮子学习非常认真，成绩

也很优秀。三年后，小狮子毕业回来了。狮子高兴地问小狮子："你学到什么本领了？快说给大家听听。"

小狮子骄傲地回答："我学到了很多本领，知道各种鸟的生活方式，一旦你把治理王国的重任交给我，我就马上教子民们如何筑巢。"

听到这里，狮王倒吸一口冷气，后悔莫及。他心里明白，小狮子学到的这些本领，对兽族王国毫无用处。

启迪

哈哈哈！小狮子学到的本领可真是让狮王哭笑不得。小狮子的失败让我们明白了：最好的老师就在我们身边，好高骛远，不但达不到预期的目的，还会给自己带来更多的麻烦！

可怕的吹捧

池塘里的生物中,乌龟最长寿。鱼虾对此又妒又恨,一有机会就对乌龟进行人身攻击。

一次,渔夫捉了一只乌龟,准备带回家去做菜吃。鱼虾齐声叫道:

"这家伙又老又丑,根本不能吃!"

渔夫一听,厌恶地将乌龟抛进水中,捕了一篓虾回家去了。

一天,有个小孩捉了一只龟,准备带回家去养着玩,鱼虾又一齐叫道:

"这家伙缩头缩脑,没

人爱!"

孩子一听,厌恶地将乌龟抛进水里,然后逮了几条鱼回家了。

乌龟在鱼虾的诅咒和辱骂声中安然无恙,活得挺自在。但肆意攻击乌龟的鱼虾反倒屡遭浩劫,连安全也无法保证。

这天，几条老鱼和几只老虾忽然醒悟过来，心想：我们的攻击，反倒帮了乌龟的忙，真是太傻了！从此以后，他们到处吹捧乌龟："乌龟憨厚可爱，观赏价值高！"

乌龟听了这些话，心里很高兴。但随着名声大噪，厄运也临头了。捕杀乌龟的人与日俱增，人们还办起了各种各样的捕龟学习班，传授捕捉乌龟的方法和技巧。

乌龟们东躲西藏，胆战心惊，往日安宁和平的生活，一去不复返了。

启迪

赞美有善意和恶意之分。善意的赞美会让我们的精神受到鼓舞，从而获得上进的信心。而恶意的赞美甚至吹捧，常常包藏祸心。

乌龟借鼓

豹子在动物中是出了名的吝啬鬼。家中有一面大鼓,但从来不借给别人使用。一天,天神的母亲去世了,为了把丧事办得隆重些,葬礼上需要一面大鼓。

"大人,豹子家里有一面大鼓。"仆人说,"可以派人借来一用。"

大象以为自己是大力士,满怀信心地去了,结果,被凶恶的豹子赶了出来;能言善辩的狐狸去了,也是没有用。

"这可恶的豹子,真是太过分了!"
动物们七嘴八舌地议论着。

"我去把鼓取来!"乌龟站了出来。

动物们哄堂大笑,连天神也忍不住笑了。也难怪,那

时的乌龟不但长得小,连甲壳也没有,后背是软软的。

乌龟不慌不忙地爬出神殿,来到豹子家。

"你也是天神派来的吗?"豹子吼道。

"天神能瞧得起我这小不点儿吗?"乌龟说,"我只不过是出于好奇,来这里看看。"

"你想看什么?"豹子问。

"天神做了面新鼓。"乌龟说,"那鼓

可真大,天神藏在里面还有很大空隙。依我看,你这面鼓没有天神的大,它连你都装不下。"

"胡扯!它怎么装不下我?我这就试给你看!"豹子说着,真的钻进大鼓里。

"大是够大的,可你的脑袋还露在外面呢!"乌龟故意装模作样地说。

于是,豹子把脑袋也缩了进去。

"可你的尾巴还在外面呢?"

豹子又将尾巴收了进去。

乌龟眼疾手快,立即封住鼓面,用绳子把鼓捆得牢牢的，并借着豹子在鼓中挣扎的劲，把大鼓滚动起来，一直滚到神殿门前，交给了天神。

大鼓就这样被乌龟借来了。后来，天神为了奖励乌龟，就送给了乌龟一样防身的东西，那就是龟壳。

启迪

大力士象哥哥办不到的事，娇小的龟弟弟却轻而易举地办到了。龟弟弟的成功让我们明白了：不论什么事，只靠蛮力和花言巧语都是做不成的，巧妙的方法才是成功的保证。

把房间填满

古时候,有一个国王,他有三个儿子,他们都想继承王位。国王每天都在发愁:到底让谁来继承王位呢?看上去三个儿子都很聪明能干,很难确定谁是最佳人选。有一

个大臣给国王出了一个主意。

这一天，国王把三个儿子召集到身边，对他们说："给你们每人一个空房间和一枚金币，你们就用这一枚金币买东西，把房间填满，到时候，谁填得又快又满，谁就继承我的王位。"

三个儿子一听都很发愁，一枚金币能买什么东西呀？还要把房间填满？但为了抓紧时间，就赶紧跑到街市上去了。

到了预定的时间，国王开始检查，他来到大儿子的房间，一看，房间里横七竖八地堆放着一袋一袋的沙子，离填满房间还差得远呢。国王不满意地看了一眼垂头丧气地站在一旁的大儿子，转身走了。

国王推开二儿子的房间，只见里面杂乱无章地堆放着成捆成捆的稻草，但仍然没有把房间填满。二儿子又惭愧又懊恼，眼巴巴地看着父亲转身离开。

国王来到小儿子的房间,推开门一看,愣住了,房间里什么东西都没有,他诧异地把目光投向小儿子。这时,小儿子微笑着从兜里掏出一根蜡烛。国王仍旧很迷惑,就问他:"那你用什么办法把房间填满呢?"小儿子神秘地说:"您别急,马上就填满。"说着,他掏出火柴点燃蜡烛,对父亲说:"您看,现在整个房间不是都被烛光填满了吗?"

国王对小儿子非常满意,大儿子和二儿子也感到自愧不如。国王当众宣布小儿子为王位继承人。

国王的小儿子真棒!两个哥哥累得满头大汗都没做成的事,他却不费吹灰之力就办到了。他用烛光填满房间的聪明做法让我们感到,在我们身边,办法总会有的,只要我们勤于思考,就没有解决不了的难题。

送 网

小猫是个孤儿。

猫奶奶送来一些小虾,小猫几口就吃完了;猫婶婶送来一些小鱼,小猫一会儿就吃光了……

猫爷爷来了,一没送虾,二没送鱼,而是送来一张渔网。

猫爷爷真小气!渔网又不能吃……

小猫肚子饿了,他只好拿起渔网,跑到河边。

小猫撒下第一网,捕到了一些小虾;小猫撒下

第二网,捕到了一些小鱼……

小猫吃着自己捕的小虾和小鱼,觉得比吃什么都香甜。

小猫撒网的本领高了,捕到的大鱼,吃也吃不完。

小猫望着渔网,明白了猫爷爷送网的用意。

小猫提着几条大鱼,跑出了家门,他要上哪里去呢?哦,他要去感谢猫爷爷哩!

启迪

小朋友,你听过这句话吗?"授人以鱼,不如授人以渔。"当别人送给小猫吃的东西的时候,猫爷爷却送给小猫一张网。为什么呢?因为猫爷爷知道,送再多吃的东西,也有吃完的一天。只有学会撒网,才会有永远吃不完的鱼。

猴子荡秋千

猴子一直以行动敏捷、机智灵巧而受人称赞，荡秋千更是猴子们的拿手好戏。

一年一度的秋千大赛来到了。有只大尾猴特别显眼，他今天穿戴一新，在他的秋千架下跃跃欲试。裁判一声哨响，大尾猴便急不可待地上去"露了一手"。

秋千荡起来了，越荡越高，观众的喝彩声、加油声响成了一

片。猴子的双腿更加卖力了。

秋千已经荡到了极限高度，可是，猴子被掌声和喝彩声刺激得兴奋不已，一心要成为这次大赛的明星，结果听见"啪嗒"一声，原来，秋千荡过了横梁，掉了下来，紧接着"咚"的一声巨响，猴子重重地摔在地上爬不起来了。四周一片寂静，接着，掌声和喝彩声立刻变成了惋惜声。

可怜的猴子还没缓过神来："这到手的奖牌咋说没就没了呢？"

启迪

哈哈！猴子一向行动敏捷、机智灵巧，还是大家心里的大英雄呢！可他竟在荡秋千比赛中失利了。他的经历让我们明白了：谦虚、谨慎是进步的朋友；骄傲、自满是成功的大敌。

裁缝师傅和学徒

从前,有个裁缝师傅,收了一个男孩当学徒。这个裁缝又贪心又吝啬。

一天,师徒俩到一户人家家里做衣服,主人端出两碗饭给他们吃。裁缝对主人说:"我徒弟今天吃过了,饭都给我吃吧。"学徒饿得肚子咕咕直叫,决定教训一下贪心的师傅。

这天,裁缝要为一个大官做衣服,师徒俩来到官府里。仆人进来说:"厨房里准备了点心,请你们去吃点儿吧。"裁缝马上说:"我徒弟今天已经吃过了,我不停地干活,从昨天到现在一直没吃饭。"说着,把针插在草席上,到厨房去了。这时,大官进来了,看到学徒一副伤心的样子,问:"你怎么了?"

学徒叹气说:"我可怜的师傅每个月要发一次疯,发疯时就把客人的布料剪碎。只有我知道,师傅吃两碗饭时,他的毛病就要发作了。如果他吃饭后用手在席子上摸来摸去,他马上就要剪顾客的衣料了。"

"有什么办法治吗?"大官不安地问。

"只要用竹棍在他脚跟敲二十下，他就马上恢复正常了。"学徒说完，悄悄从席子上拿走了师傅的针。

这时，裁缝从厨房里出来，忙向大官问

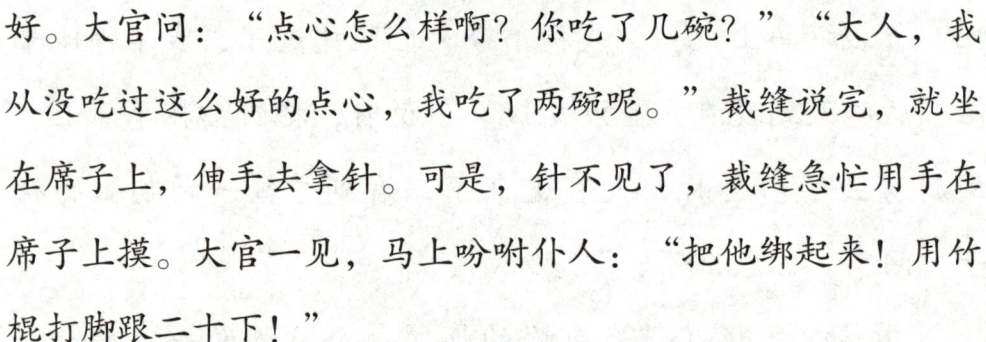

好。大官问："点心怎么样啊？你吃了几碗？""大人，我从没吃过这么好的点心，我吃了两碗呢。"裁缝说完，就坐在席子上，伸手去拿针。可是，针不见了，裁缝急忙用手在席子上摸。大官一见，马上吩咐仆人："把他绑起来！用竹棍打脚跟二十下！"

"为什么打我？"裁缝喊道。

"让你的疯病快点儿好哇！"大官说。

"我没病！我没病！"裁缝急得大叫。

学徒说："每次我饿的时候，你就说我吃过了。这不是疯了吗?"

从此以后,裁缝师傅再也不敢吃学徒的饭了。

启迪

哈哈!贪心和吝啬的裁缝师傅,终于得到了惩罚。拍手叫好之余,我们应该向这个徒弟学习,踏实地积累知识,机智地克服困难。

勇敢的樵夫

从前,有个樵夫上山砍柴,隐隐听见有一个低沉的声音在对他说:"放我出去!放我出去!"樵夫四处搜寻,但什么也没有发现,于是他大声问道:"你在哪儿?"

那个低沉的声音回答说:"我在老橡树的树根旁。快放我出去!"樵夫在树根周围焦急地挖了起来,终于找到了一只玻璃瓶。樵夫想都没想就拔开了瓶塞。说时迟,那时快,只见一缕浓烟从瓶子里窜了出来,并不断地变大,转瞬间,竟变成了一个十分可怕的妖怪。

"我曾许过心愿,如果我被囚禁一百年时,有人来救我,我就给他用不尽的财宝;如果我被囚禁二百年时,有

激发孩子思维潜能

人来救我，我就给他一座豪华的房子；如果过三百年才有人来救我，我就拧断他的脖子。"

妖怪用恐怖的声音嘶哑地说："现在已经是三百年了，我要拧断你的脖子！"

"好吧！"樵夫冷静地说，"不过，你得先向我证明，刚才那个小瓶子里装的的确是你这个庞然大物，我才能服气。"

妖怪趾高气扬地回答:"没问题!"说着,身子就开始缩小,最后从瓶口钻了进去。

这时,樵夫麻利地拾起瓶塞,用力塞住瓶口,随手把瓶子扔回到树根旁的老地方,埋上了。

启迪

樵夫可真是勇敢、机智啊,想出了这么好的一个计策,最后,终于制服了妖怪。小朋友,我们无论遇上什么难题,都应该保持冷静,多动脑筋想一想,这样,一定会想出好的办法来。

老爷爷与猴子

从前,山脚下住着一位老爷爷,他的生活非常清苦,只能靠打柴和编织物品来维持生活。有一天,老爷爷挑着一担草帽准备到城里去卖,走到半山腰,老爷爷又累又渴,他决定停下来歇一会儿再

走。他喝了一点儿水,靠在一棵树上打起盹儿,不一会儿,竟然睡着了。

这时候,一群猴子从树上跳了下来,看见老爷爷头上戴着草帽,觉得挺好玩,便纷纷拿起草帽戴在头上。

老爷爷被吵醒了,睁开眼睛一看,担子里一顶草帽也没了,只见树上坐着一群猴子,每只猴子都戴着一顶草帽。老爷爷急了,大声对猴子们说道:"你们这些顽皮的小家伙,快把草帽还给我,我还要赶路呢!"

可是,这群猴子正玩得起劲,哪里会理会老爷爷的话,依旧在树上跳来跳去,没有一只猴子肯把草帽还给老爷爷。老爷爷不知怎么办才好,急得脱下草帽抓脑壳。猴子们一见纷纷效仿,也脱下草帽抓起脑壳来。

老爷爷见状,灵机一动,他把手中的帽子往地上一扔,猴子们也都把帽子扔到了地上。老爷爷赶紧收好地上的帽子,继续赶路了。

启迪

哈哈!猴子也是挺机灵的,可最终还是败给了老爷爷。小朋友,你知道这是为什么吗?因为呀,猴子们的小聪明比起老爷爷的大智慧来,少了一样东西,那就是思考的习惯。

李寄斩蛇

很久以前,有个小姑娘名叫李寄。她才十二岁,就学会了一身好武艺。一天,有个当官的领着一群人,吹着喇叭,敲着铜锣,来到了李寄家,对李寄的爸爸说:"你们家

李寄今年十二岁,该送她上山去了。"这是怎么一回事呢?

原来,这个地方有座高山,山洞里有条蟒蛇,常常出来吃人。那个当官的就出了个坏主意,每年送一个十二岁的姑娘给蛇当食物。这一年,该轮到李寄了。

李寄早有准备,随身带了一把宝剑,做了一个大饭团,又叫自己的大猎狗跟着,告别父母和乡亲们,上山去降蛇。

她走到山洞口,先把那个大饭团往洞口一扔。那饭团是李寄亲手做的,里面掺着毒药,外面拌着蜂蜜,闻着可香了。那条大蟒蛇正饥饿难忍,突然闻到香味,就抬起簸箕般大的三角脑袋,朝洞口爬来,看见那个大饭团,就一口吞了下去。不一会儿,毒药的药性发作,大蟒蛇难受得扭着长长的身体,在洞口翻滚着。

李寄见时机已到,把手一挥,大猎狗便叫着,冲上去一口咬住大蟒蛇的脖子不放。李寄挥着宝剑,对准大蟒蛇的肚皮连砍几剑,终于把那吃人的大蟒蛇砍死了。

从此以后,当地的姑娘们再也不会遭到大蟒蛇的伤害了。

启迪

李寄运用自己的机智和平日学来的武艺,不仅杀死蟒蛇,保住自己的性命,还解决了村民的难题。我们以后在学习和生活中遇到"拦路虎"时,也要像她一样,用智慧和勇敢取得胜利。

刻舟求剑

战国时期,各个诸侯国之间经常发生战争。战争虽然给百姓带来了很大痛苦,但是,对于有梦想的士人来说,却是个施展才华的好机会。因此,那时的士人经常奔走于各个诸侯国之间,希望能得到重用。一个楚国的

年轻人也很想出门去见识见识,实现自己的人生理想。

这天,他来到长江渡口,打算乘船过江。不一会儿,船来了,他随着众人一块儿走上船,挑选一片靠边的地方坐了下来。因为坐在这里,视野开阔,可以自由地欣赏长江的景色。只见万里长江,微波荡漾,几只沙鸥不时掠过水面,楚国人被长江的美景深深吸引住了。不料这时

激发孩子思维潜能

船身猛地一抖,他失手将自己的宝剑掉到了江里。众人不禁惊呼:"宝剑落到水里去了,快捞呀!"可楚国人一点儿也不惊慌,他拿出一把小刀,在船帮上做了一个记号,说:"这是宝剑落水的地方,我做了记号,肯定能够找回它,大家不必担心。"众人听了,不禁面面相觑,不知道这个楚国人葫芦里卖的是什么药。

　　船靠岸后,只见这个楚国人先试了试水的深浅,然后不紧不慢地脱掉外衫,顺着自己在船上所刻的记号下到水中。他在水中找啊找,可怎么也找不到自己的宝剑。不久,他累得筋疲力尽,只好爬到船上,自言自语地说:"我明明已经刻好了记号,怎么就是找不到宝剑呢?"

　　船夫听了,不禁哈哈大笑说:"年轻人,你的宝剑是

在江心掉下去的，现在船已经到岸边了，宝剑又不会随着你来到岸边，你当然找不到它了。"

楚国人一听，脸不由变得通红。

启迪

哈哈！那个捞剑的人真好笑，船是移动的，剑沉入水底是不会动的，他当然捞不着。小朋友做事，一定要机动灵活，死板可是会闹笑话的哦！

画蛇添足

战国时期,昭阳率领楚国大军攻打魏国,杀得魏军节节败退,接连夺得魏国八座城池。这时,昭阳看到魏军已经没有战斗力了,便上书楚王,要求率军攻打齐国。

齐王听到这个消息后,非常担心,就派

陈轸去劝说昭阳不要攻打齐国。陈轸见到昭阳后，首先盛赞了他的赫赫战功，然后问："按照楚国的规矩，您立下那么大的功劳，应该得到什么封赏呢？"昭阳说："封官为上柱国。""还有比这更尊贵的吗？"陈轸接着问。昭阳回答道："那只有令尹这个职位了。"

听到这儿，陈轸高声说："据我所知，楚国只有一个令尹。我再给您讲个小故事吧：从前，一户人家赐给仆人们一壶酒。仆人们商议：'大家一块儿喝的话，这壶酒根本不够，不如让一个人独自喝了。现在大家来比赛画蛇，谁先画好，这壶酒就归谁所有。'大家都同意了这个方法。有一个人先把蛇画好了，他拿起酒壶说：'这壶酒是我的了。'说着，他拿起酒壶喝了一口。可他有些兴奋，又说：'我还没有给蛇画上脚呢。'于是，他左手拿酒，右手用笔给蛇画脚。这时，另外一个人也画好了，他抢过酒壶说：'蛇本来没有脚,你画上了脚,那你画的就不是蛇了。我先画好蛇,这壶酒应该归我。'结果,给蛇画足的人最终没有得到那壶酒。与此类似,您现在的官位已经非常高了,即使再有战功,楚王也不会再有封赏。如果这时您再攻打齐国,说不定对您反而有坏处呢。"

昭阳认为陈轸说得很有道理，便班师回国，不再攻打齐国了。

启迪

嘿！这个仆人真是弄巧成拙，蛇明明没脚，他非得给画上脚，既好笑又愚蠢。小朋友，让我们从画蛇添足这个故事中记住一个教训：做事不能主观武断，自作聪明只会使好事变成坏事。

百闻不如一见

从前,有一个贪财的地主,经常想方设法刁难穷苦的农民。这一天,他吃饱喝足后大摇大摆地闲逛。他看见李三正在耕地,眉头一皱,又有了鬼主意。

他对李三说:"听说你有个聪明儿子,你把他叫来,我要考考他,如果难不倒他,你欠的租子就一笔勾销,否则的话,叫你儿子免费到我家干三年活儿。"

李三一听害怕极了,"扑通"一下跪在地上说:"老爷,他还是个孩子,您就饶了他吧。"地主恶狠狠地说:

"明天早上必须把你儿子带来。"李三回到家哭丧着脸对儿子说:"孩子,地主没安好心,他要考考你,如果你输了,要给他家白干三年活儿。"小孩儿听后说:"爸爸,您别担心,他难不倒我。"

第二天,李三带着儿子,来到地主家,村子里的乡亲们听说后,也都跑来看热闹。地主看了看小孩儿,狡猾地一笑说:"早就听说你聪明伶俐,百闻不如一见,今天你要是能把我家屏风上的老虎给我抓住,就算是你赢了,否则的话……"

李三一看,老虎在画上啊,怎么抓?乡亲们也议论纷纷,都认为是地主故意刁难人。这时,只见小孩子不慌不恐地说:"好吧,你先借我一根绳子。"地主让人拿来绳子,小孩子拿起绳子,打了个结,然后走到屏风后面,像是要套住老虎似的,他大声对地主说:"你快把老虎赶下来,我就能绑住它了。"乡亲们一听,都哈哈大笑起来。

启迪

　　大人想不出来的办法，可不要以为小孩也想不出来。故事中的这个小孩，正是用他的顽皮式的幽默方法，让狡诈的地主无可奈何，从而轻而易举地解决了令他父亲苦恼不堪的问题。看来，只要肯动脑筋，就没有解决不了的困难。

参天大树

从前,有一位员外,他家的庭院里种了很多树,每到金秋季节,树上结满果实,有柿子、梨、大红枣、石榴……

有一天,一个过路的道士对员外说:"恕我多言,您家的院子有伤风水呀,如果长此下去,必招来祸害!"员外一听,马上急切地说:"务必请您赐教。"道士接

供给墨水,很好地解决了上述问题。

最早能够自由吸水的钢笔出现于20世纪初,这种笔用一个活塞来吸墨水。当笔中用了皮胆后,就可以通过皮胆外的活动小铁片去挤压皮胆来吸墨水。1952年,又出现了一种用一根管子伸进墨水中吸水的施诺克尔笔。直到1956年,才发明了我们现在常用的毛细管钢笔。

钢笔笔尖材料的演变也经历了一个漫长的过程。在17世纪80年代钢笔还没有诞生时,英国就已经首次用机器批量制造性能可靠的钢制笔尖了。到19世纪20年代,伦敦的一位工匠开始制造金质笔尖。同时，钢笔的笔杆儿也采用名贵的材料。这时的钢笔不仅仅是最受欢迎的书写工具，而且成了身份的象征。

由于金质笔尖坚固耐用，而且比较实惠，因此，很快就有许多商人争相制造。

随着时间的推移，今天的钢笔无论是样式还是质地，都已经趋于完美了。

启迪

钢笔是现在人们普遍使用的书写工具。你知道钢笔是谁发明的吗？它吸墨水的原理是什么？读了这个故事，你就知道答案了。

皇帝的宝树

从前,有一个小男孩,妈妈在他很小的时候就死了,他一直与父亲相依为命。他的父亲爱喝酒,而且每饮必醉,经常醉倒在路边不省人事。

这天，他的父亲又喝醉了，跌跌撞撞地在大街上走着，不知不觉来到皇帝的宝树前。他醉醺醺地看了看宝树，说："好大的树呀！"然后，竟然不知不觉地靠在树下打起瞌睡来，还把树皮蹭掉一块。皇帝听说此事后大发雷霆，因为那是他最珍爱的宝树，树干粗壮，枝叶茂盛。他生怕有人破坏这棵宝树，于是，在上面立了一块牌子，写着："凡碰宝树者受罚，损坏宝树者处死。"皇帝传令将醉汉逮捕。

父亲突遭大难，男孩心里十分难受，决定冒死也要救父亲。他来到朝廷要求拜见皇帝，神色凝重地对皇帝说："我父亲昨天喝多了酒，不小心碰坏了宝树，触犯了皇帝的法令，要被处死，这样，我就要变成孤儿了。我个人的苦难倒是小事，重要的是您这样做，伤害了百姓，有损于国家的威严，

他植物中应该也有。经过反复实验,他终于研究出从小麦和脱脂大豆中提炼谷氨酸的方法。被提炼出来的谷氨酸和烧碱中和后,变成了谷氨酸钠,池田教授将其命名为"味之素",也就是我们现在食用的味精。

启迪

池田教授在吃饭的过程中,发现了汤味鲜美的奥秘,引发了思索,最终发明出了味精。这种随时关注周围事物的细微变化,并积极地动脑思考、动手实践的精神是值得我们学习的。

口中的芬芳

说起来,口香糖的出现已有将近一个半世纪的历史了。饭后,人们嚼上一块口香糖,不仅可以清除口中的异味,对牙齿也大有益处。你是否想知道它的发明过程?请读一读下面的故事吧!

远古时候,人们已经有了许多种保持口气清新的方法。古时候,美洲的玛雅人就经常咀嚼一种从树中提取的胶粘剂。19世纪中期,一种全新的替代品出现了。1848年的某一天,美国一个年轻的马路工人寇蒂斯因为厌倦了无聊的工作,就跑

话说有一天，御厨给小皇帝孙亮上了一盘生梅子，他嫌酸，于是，就叫黄门官去库房拿些蜂蜜。

黄门官很快拿来蜂蜜，孙亮蘸了一些刚要吃，突然发现蜂蜜上有几粒老鼠屎。他很生气地派人把仓库保管员押来质问。

孙亮知道，这位老实忠厚的仓库保管员平时对工作尽职尽责，总是先检查，然后才封存。怎么会出现老鼠屎呢？

孙亮沉思了一会儿问保管员："平时黄门官向你要过蜂蜜吗？"保管员说："他私下向我要过多次，我没给他。"黄门官大声嚷嚷道："他胡说，我从来没向他要过蜂蜜。"四周的大臣们建议把他们都关押起来，一起治罪。

孙亮摆摆手，胸有成竹地说："不用了，我自有办法。"

他叫人把老鼠屎切成两半,仔细看了看后,对大臣们说:"如果老鼠屎早就浸在蜂蜜里,里外都应是湿的。现在只有外表是湿的,里面却是干的。这说明老鼠屎是刚被人放进去的。"黄门官一看事情败露,"扑通"一声跪在地上,磕头请

温度的卫兵

冬天十分寒冷,人们即使穿上厚厚的棉衣,在室外也还是会冻得瑟瑟发抖。这个时候,打开保温瓶,倒一杯热水喝下去,身上立刻就会变得暖和了。为什么保温瓶不怕冷呢?为什么在这么冷的天气里,里面的热水不会变凉呢?

其实,这跟保温瓶的构造有关:瓶有内壁和外壁,两壁之间处于真空状态。根据能量传递原理，热能是不能穿过真空进行传递的，所以，液体能在相当长的一段时间内保持它原有的温度。同样的道理，夏天保温瓶也可以使水保持低温。

1892年，英国化学家杜瓦在—240摄氏度的低温下制出了液态氢。为了保持这种液态氢的温度，杜瓦设计了一个既不吸收也不散发能量的瓶子，称之为"杜瓦瓶"。现在，我们使用的保温瓶，就是从这种"杜瓦瓶"演变而来的。"杜瓦瓶"的设计原理是：第一，它用两层玻璃制成，瓶中间抽出空气，变成真空状态，隔绝了空气对热的传递；第二，瓶壁涂上了水银，就像镜子反射光线那样，能把热量的辐射反射回瓶内；第三，瓶口盖上瓶塞，防止热量从瓶口溜出去，若用来装开水，也就成了保温瓶。

家，还有一位是政治家。直升机在飞行的过程中，突然出现了故障，有坠毁的危险，必须有一个人乘降落伞离开，只有这样才能保证飞机上其他人员的安全。问题是，谁该离开飞机呢？"

问题刊登出来后，人们议论纷纷，街头巷尾都在讨论这个问题。雪片般的信件向报社飞去，很多人都在信中长篇大论地陈述着自己的观点。

编辑总结了一下，大概分为三种说法。有人说："科学家不能离开，他能研究创造新事物，解决我们生活中的许多难题。"也有人说："离开的人肯定不应该是医生，他能给我们治病，救死扶伤。"还有人说："政治家也不能离开，我们的社会需要不断地向前发展，

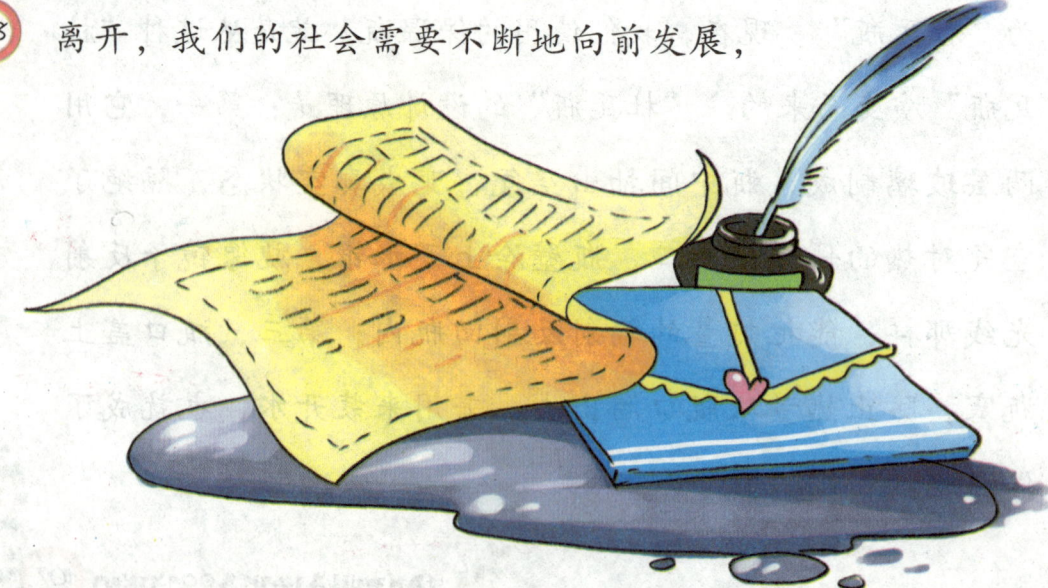

激发孩子思维潜能

离不开政治家的运筹帷幄。"

编辑们对所有的答案都不太满意,一时间,不知道大奖该

给谁了。

活动就要结束了,编辑打开最后一封信。这是一位九岁的小孩儿写来的,

鱼,献给黄帝一起食用。鱼的味道虽然很好,但鱼刺也不少,不一会儿,每人身旁都堆了一堆鱼刺。方雷氏见鱼刺又细又长,便随手拣起一节,刷了刷披在自己肩上的乱发。谁知,蓬乱的头发很快变得整整齐齐。这太令人吃惊了:原来用鱼刺能梳理头发呀!

第二天,方雷氏叫来她身边的所有女子,发给每人一节鱼刺,并教她们如何梳头发。但是鱼刺很软,而且太锋利,女子们并不是很喜

满足孩子好奇心理

欢用。于是,方雷氏命令木匠制作一个木制的鱼刺状的东西来代替。不久,木匠完工了,木制的"鱼刺"不那样细小锋利,既不会轻易折断,也不会扎到女子们的头皮,方雷氏非常高兴。由于这种东西可以用来梳理头

发,于是,方雷氏就将它命名为"梳子"。从此,使用梳子的时代开始了。

启迪

　　心灵手巧的方雷氏通过鱼刺能梳理头发的现象发明了梳子,她真是聪明贤惠,让人敬佩!其实,只要我们勤于观察,并充分发挥自己的想象力,生活中很多看似平常的小现象,都可能会启发我们,帮助我们获得一些发明呢!

村里通往村外的路给堵住了。村民们很着急,不知该怎么办好。有不少人试着移动大石头,可大石头却纹丝不动。

就在大家都一筹莫展的时候,有人跑回村叫来了村里的大力士。只见大力士挽起袖子,咬紧牙关,脸涨得通红,大喝一声"走!"可大石头仍是没有一点儿反应。看到连大力士都没办法,村民们更着急了。

这时,一直在一边看热闹的小隋亮突然有了主意,他大声说:"我有办法搬开大石头。"村民们一听都笑了,七嘴八舌地说:"我们大人都办不到,更别说你这么大点儿的小孩儿了。"大力士也没好气儿地说:"谁家的孩子?一边玩儿

激发孩子思维潜能

去,别在这儿添乱!"

然而,小隋亮并没有退缩,他继续大声对村民们说:

"我肯定能做到,让我试试吧。"说完,他没有理会村民们怀疑的目光,而是坚定地走到大石头前,他先说服村民们在巨石的旁边挖了一个与巨石差不多大小的坑。接着,他让村民们齐心协力向坑里推动石头。"一,二,三!"只听见"砰"的一声,大石头掉进坑里了。村民们高兴得欢呼雀跃,都夸小隋亮太聪明了。

启迪

当所有的大人,包括大力士都无法移动石头的时候,隋亮小朋友却开动脑筋,告诉众人,在石头旁边挖个大坑,让石头从高处往低处滚,从而轻而易举地解决了村民的难题。假如你当时就在隋亮身边,你会想出这个办法吗?

往树洞里灌水

北宋时期，有一个非常聪明的小孩儿叫文彦博。有一天，他和几个小伙伴在村里踢皮球，大家你争我抢，玩儿得很开心。

突然，有一个小孩儿一脚把球踢进了一个树洞里。大家趴在树底下往里看，可是黑洞洞的，什么也看不见，于是你看我，我看你，都没了办法。

有一个小孩儿伸手往里掏了掏，可树洞太深了，什么都摸不着。又有一个小朋友自告奋勇地

说:"我家有长竹竿,我去拿来,咱们把球拨出来。"竹竿拿来后,大家把竹竿伸进洞里,可树洞是弯弯曲曲的,竹竿刚伸进去几尺就下不去了,根本够不到洞底。

没办法,大家只好叫大人来帮忙了。叔叔伯伯们来了好几个,望着又黑又深的树洞,他们也是毫无办法。有的大人干脆说:"算了,取不上来就别要了。"

站在一旁的文彦博一直没有吭声,别看他年龄比别的小朋友小,可遇上事他总是爱开动脑筋、想办法。突然,他眼睛一亮,说:"我有办法了。"说完,急忙往家跑去。他从家里端来一盆水往树洞里灌,别的小朋友也学着他的样子,从家里端水往树洞里灌。不一会儿,树洞灌满了水,球也浮到了洞口。

孩子们高兴得跳了起来，大人们把文彦博高高举起，称赞他是个聪明的孩子。

文彦博长大后成了著名的宰相。

启迪

文彦博遇上困难总是爱开动脑筋、想办法，因此，在同伴们遇到麻烦的时候，才想出别人想不到的办法来。今后，我们也要做爱动脑筋、勤奋好学的好孩子哦！

衣服被老鼠咬坏了

曹操有一个众人皆知的聪明儿子叫曹冲。可能人们都听说过曹冲称象的故事,可是你知道吗,曹冲还发挥自己的聪明才智救过人呢。

那天,曹冲正在庭院里玩儿,忽然看见看守库房的官吏愁眉苦脸地走来,就好奇地问:"出了什么事?"官吏一脸沮丧地说:"曹大人的马鞍放在库房里被老鼠给咬坏了,按照规定,工作失职,是要被处死的。现在我已经死到临头了,只好去自首。"说完禁不住哭了起来。曹冲觉得这个人太可怜了,自己一定要想办法救他,于是说:"您先别去自首,等我的消息。"

曹冲回到自己的屋里,拿起小刀把身上的衣服戳了许多窟窿,看上去像是被老鼠咬坏的样子。然后他来到曹操的面前，说："父王，昨晚我的衣服被老鼠咬成了这个样子。我听说，衣服被老鼠咬破是不祥的征兆，我大概凶多吉少了。"曹操一听赶紧说："别胡说，那不过是市井之人的胡言乱语罢了，我儿定会无事的。"曹冲一听心中暗喜，于是辞别父王赶紧

找到那个看守库房的官吏，对他说："您现在去自首吧，保证没事。"

官吏将自己五花大绑后，战战兢兢地来到曹操面前跪下。曹操见状很吃惊，连忙问："你这是怎么回事？"官吏说："大人，小人失职，库房里的马鞍被老鼠咬坏了。"曹操一听原来是这么回事，就说："我儿子的衣服也被老鼠咬坏了，何况马鞍呢。起来吧，没事。"官吏叩谢了曹操，又连忙跑到曹冲那里，感谢他的救命之恩。

启迪

曹冲把自己的衣服戳了许多小窟窿，谎称自己的衣服是被老鼠咬坏的，让父亲觉得老鼠咬坏衣物是常事，从而打消了处死官吏的念头。他用爱心和机智挽救了官吏的性命，真令人钦佩！

曹冲称象

有一次,一个外国人送给曹操一只大象,曹操很想知道这只大象到底有多重,于是,就叫手下的官员想个办法,把大象称一称。

这可难住了官员们。大象的身体那么大,什么秤可以称呀?官员们围着大象议论纷纷,谁也想不出办法。

正在这时,跑来一个小孩子,站在大人面前说:"我有办法,我有办法!"官员们一看,原来是曹操的小儿子曹冲,心想:大人都想不出办法来,一个六七岁的孩子,会有什么好办法?

他的父亲曹操却很高兴,说:"把你的办法讲出来,让大家听听吧。"曹冲说:"我称给你们看,你们就明白了。"他叫人牵着大象,一起来到河边。曹操和那些官员们都想看看他有什么好办法,也跟着来到河边。

河边正好有只空着的船,曹冲说:"把大象牵到船上去。"

大象上船后,船就往下沉了一些。曹冲说:"在船上与水面平齐的地方画一道记号。"记号画好了,曹冲又叫人把大象牵上岸来。

大家看着大象一会儿牵上船，一会儿又牵下船，心想：这孩子想干什么呀？

这时，曹冲叫人挑来碎石块，装到大船上去。石块装了一担又一担，大船慢慢地往下沉。

激发孩子思维潜能

曹冲见水面升到船上做记号的地方时,大声说:"行了,把石头再挑下来!"

这时候,大家全明白了:当装上石头的船下沉到它装大象时下沉的位置时,船上的石头和大象是一样重的;再把这些石头分开来称一称,所有石头加起来的重量,不就是大象的重量了吗?

大家都说,这办法看起来简单,但要想出来还真不容易呢。曹冲太聪明了!

启迪

曹冲利用水的浮力,又根据船里的石头和大象一样重的道理,巧妙地称出了大象的重量。小朋友,假如你当时也在曹冲身边,你还会想出其他称象的办法来吗?

聪明的阿凡提

从前,有个非常聪明的人,名叫阿凡提。在他生活的那个时期,皇帝对老百姓非常不好,可是没有人敢说皇帝的坏话,否则,就要被杀头。只有阿凡提不怕,他骑了一头小毛驴,走到哪里,就在哪里说皇帝的坏话。这事儿被皇帝知道了,他让人把阿凡提找来。

皇帝说:"阿凡提,听人说你很聪明,我不太相信,要考考你。你如果回答不出我的问题,我就要杀了你!"

阿凡提听了,说:"皇上,您考吧。"

皇帝问："天上有多少星星？"

阿凡提回答道："天上的星星和您的胡子一样多。"

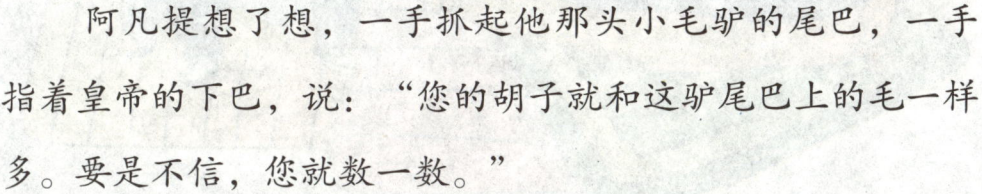

"那么，我的胡子又有多少呢？"皇帝又问。

阿凡提想了想，一手抓起他那头小毛驴的尾巴，一手指着皇帝的下巴，说："您的胡子就和这驴尾巴上的毛一样多。要是不信，您就数一数。"

皇帝听了非常生气，叫人把阿凡提拉出去杀头。可是阿凡提一点儿也不害怕，还哈哈大笑呢。皇帝很奇怪，就问："都快死了，还有什么可笑的？"

阿凡提说："我早就知道自己今天要死了，而且我还知道您哪一天死呢。"

皇帝吓了一跳，说："真的？"

"当然是真的。"阿凡提说。

皇帝急忙问:"快说,快说,我哪一天死?"

阿凡提说:"您比我晚死一天。我要是今天死了,您明天就会死。"

皇帝听了阿凡提的话,吓得直哆嗦,赶紧把他放了,还说:"阿凡提呀,你千万不能死呀!你最好再活一万年,这样我就能活一万年零一天了。行行好吧,我给你金银财宝。"

皇帝真的给了阿凡提许多金银财宝,阿凡提把这些财宝都送给了穷苦的老百姓。

启迪

阿凡提把皇帝问自己的话反过来一说,便难住了皇帝,他真是聪明绝顶。小朋友,你想变得跟阿凡提一样聪明吗?那么,赶快抓紧时间读书学习吧!

弯腰的智慧

传说，耶稣的门徒一个个都得到了耶稣的真传。几年后，一个个带着神圣的使命去普度众生，他们关心着人类的疾苦，任劳任怨。耶稣总是以自己的言行去感化他的门徒，让他们在实践中悟出真理。

有一天，耶稣带着他的门徒彼得远行，走到半路时，他发现有一块马蹄铁，于是，就招呼彼得捡起来，不料彼得懒得弯腰而且感到有辱身

份，便假装没听见继续前行。耶稣也就假装什么事都没发生，自己弯腰捡起马蹄铁，再用从铁匠那儿换来的三文钱，买了十八颗樱桃。

出城后，两人继续前行，走了几个小时后，天越来越热，可眼前却是茫茫荒野。耶稣猜到彼得肯定非常口渴，就把藏于袖中的樱桃悄悄地丢出一颗，自己假装浑然不知。彼得一见樱桃，赶紧捡起来吃下去，真是美味！

耶稣就这样边走边丢,彼得也就不得不弯了十八次腰。最后一个樱桃下肚后,走在前边的耶稣回头对他笑笑说:"要是你刚才弯一次腰,哪有后面这十八次弯腰?小事不愿意做,将在大事情上要操劳更多,并不会省心或省事。"

启迪

彼得既懒惰又高傲,才会因小失大,这正好应了耶稣的话:"小事不愿意做,将在大事情上要操劳更多,并不会省心或省事。"小朋友,你千万不要轻视小事哦!

田忌赛马

战国时,齐国的大将田忌很喜欢赛马。有一回,他和齐威王比赛。两个人都用各自的上等马对上等马,中等马对中等马,下等马对下等马。由于齐威王每个等级的马都比田忌的马强一点儿,所以,赛了几次,田忌都失败了。

当田忌正准备离开赛马场的时候,看到了好朋友孙膑。孙膑对他说道:

"你想不想同齐威王再赛一次,我有办法准能让你赢了他。"田忌疑惑地看着孙膑:"你是说另换一匹马吗?"孙膑摇摇头说:"一匹马也不需要更换。"田忌毫无信心地说:"那还不是照样得输!"孙膑则胸有成竹地说:"你按照我的安排去比赛就是了。"

齐威王屡战屡胜,正在夸耀自己马匹的时候,看见田忌陪着孙膑迎面走来,便站起来讥讽他说:"怎么,难道你还不服气?"田忌说:"当然不服气,咱们再赛一次!"说着,"哗啦"一声,倒出一大堆银钱,作为比赛的赌注。

齐威王一看,心里暗喜,于是吩咐

激发孩子思维潜能

手下,把前几次赢来的银钱全部抬来,另外又加了一千两黄金。

齐威王轻蔑地说:"那就开始吧!"

孙膑先以下等马对齐威王的上等马,输了第一局。接着进行第二局比赛,孙膑拿上等马对齐威王的中等马,胜了一局。此时,齐威王有点儿心慌了。第三局比赛,孙膑拿中等马对齐威王的下等马,又胜了一局。这下,齐威王傻眼了。

比赛的结果是三局两胜,当然是田忌赢了齐威王。

还是同样的马匹,由于调换了一下比赛的出场顺序,就转败为胜了。

启迪

不同的方法常常会导致不同的结果。同样的马匹,在田忌的指挥下,总是输,而孙膑只是简单调换了一下马的出场顺序,就转败为胜了。孙膑真聪明!小朋友,我们一定要向他学习哦!

聪明的画家

从前,有个土财主,常请人到家里作画,但总赖账,不付工钱。

一天,土财主又拉来一位画家给自己画像,他答应一定付工钱。但当画家给他画完一幅画像后要工钱时,财主却说:"我快过六十大寿了,那天你就不用送寿金了,就用这幅画像当祝寿礼吧,如何?"

画家听了很生气,说:"行,不过我还要把画改一下。"说完,几笔下去就把财主的脸给改成了后脑勺。

土财主见了忙说:"怎么把脸改成了后脑勺?这多难看呀!"

画家说:"言而无信的人哪里还有面目见人呢?"

"这样的画拿出来,岂不让人笑掉大牙?"财主无奈地说。最后,他只好先付了工钱,让画家再画一幅画像。

启迪

故事中的土财主是个言而无信的人,但画家只用了一个简单而有效的方法就战胜了他。小朋友,我们遇事也要像画家一样保持冷静,开动脑筋,这样,才能想出聪明的办法来。

县令拉纤

唐朝时候,有一个叫何易于的人,当了益昌县县令。他刚上任不久,就接到他的顶头上司崔朴的一个棘手的命

令,说崔朴的游船这天要经过益昌,需要何易于调人去为他拉纤。

何易于为人耿直,有骨气。他知道益昌本来是个好地方,土地肥沃,水源丰富,滔滔嘉陵江就流经这里。可是,老百姓的生活却非常困苦。他们被苛捐杂税、各种劳役折腾得缺吃少穿,怨声载道。绝不能再让百姓去拉纤,但怎

么办呢？

他考虑再三，最后对那个来送手令的差役说："你回去告诉刺史大人，拉纤的人马上就到。"

把差役打发走后，何易于脱掉蟒袍，把笏板往腰间一插，去见崔朴。

刺史崔朴看到何易于这个样子，迷惑不解地问："你这是干什么？"

"我亲自来为刺史大人拉纤。"

崔朴吃了一惊，说："你是一县之主，老百姓任你驱使，你怎么不调人出来拉，倒自己跑来了？这岂不失了县令的身份？"

何易于回答说："眼下正值春暖花开，是耕种、养蚕的好时候，老百姓忙得气都喘不过来，哪有空来拉纤？只有我这个当官的，闲着没事，可以为您效劳。"

"县令拉纤"这件事很快在全县传开了。

启迪

何易于既不能让百姓去为刺史大人拉纤，又不想当面得罪刺史大人，于是，就想出亲自拉纤的办法，没想到还因此得了美名。小朋友，看到了吗，善于发挥自己聪明才智的人，在生活中常常会获得好评。

晏子智救马夫

春秋时期,齐景公的一匹最心爱的马突然病死了,他气得暴跳如雷,命令立即将马夫肢解。正值宰相晏子上朝议事,得知此事,决定劝阻。可是该怎么做呢?齐景公正在气头上,是不可直言相劝的。晏子很快便想出一个办法,他上前向陛下请教:"尧、舜肢解人,不知是由谁先开始的?"

齐景公被问得张口结舌。他想:尧、舜是贤明君主,从没有肢解过

人，怎么问这个问题呢？又一想，才猛然醒悟过来：这是晏子在用尧、舜开导自己。于是，他很不高兴地说："相国，我明白了，肢解人也不应该从我开始。"于是，当即命令把马夫押到监狱里去，不再肢解他了。晏子心里清楚，国君这口气出不来，马夫早晚还得倒霉，于是，便异常严肃地对国君说："陛下，马夫罪该万死，但首先应该给他定罪，才好名正言顺地杀了他。"

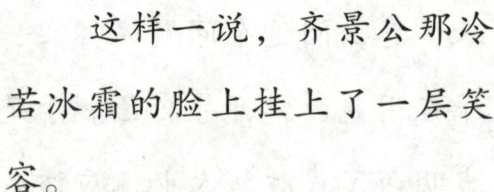

这样一说,齐景公那冷若冰霜的脸上挂上了一层笑容。

"陛下,现在让我把马夫的罪行一一列举出来吧?"

齐景公点头说:"可以。"

晏子一本正经地历数马夫的罪状:

"马夫的罪行有三条:其一,他将您的马养死了;其二,这马是国君您最心爱的马;其三,他让您为了一匹马而杀人,导致百姓怨恨国君,官员蔑视国君。这样严重的罪行,完全应该杀掉!"

这哪里是列举马夫的罪状,这分明是在巧妙地指明国君的过错。

齐景公听着,脸上红一阵,白一阵,赶紧打断晏子的话说:

"好了,我明白了,马夫的确无罪。把他放了,立即把他放了!"

启迪

因为自己心爱的马死了就要处死马夫,这真是一件荒唐事。聪明的晏子通过列出马夫的"罪状",巧妙地指出了国君的过错,救了马夫的性命,他真是胆识过人啊!

图书在版编目(CIP)数据

CQ·激发孩子思维潜能／张新欣主编. —天津：天津科学技术出版社，2012.3（2019.6重印）

（中国学生培优Q计划）

ISBN 978-7-5308-6860-7

Ⅰ.①C… Ⅱ.①张… Ⅲ.①创造性思维-青年读物②创造性思维-少年读物 Ⅳ.①B804.4-49

中国版本图书馆CIP数据核字（2012）第043498号

CQ·激发孩子思维潜能
CQ JIFA HAIZI SIWEI QIANNENG

责任编辑：郑　新

出　　版：天津出版传媒集团
　　　　　　天津科学技术出版社
地　　址：天津市西康路35号
邮　　编：300051
电　　话：（022）23332674
网　　址：www.tjkjcbs.com.cn
发　　行：新华书店经销
印　　刷：三河市燕春印务有限公司

开本 700×1000mm 1/16　　印张 9　　字数 150 000
2019年6月第1版第3次印刷
定价:29.80元